ESSAI

SUR

L'ENGRAISSEMENT

DEUXIÈME ÉDITION, REVUE ET CORRIGÉE

PAR

M. DANZEL

D'AUMONT

MEMBRE DE LA SOCIÉTÉ D'AGRICULTURE

PRIX : 1 FRANC

AMIENS

CHEZ LES PRINCIPAUX LIBRAIRES

—

1869

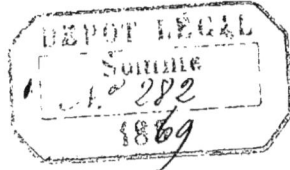

ESSAI

SUR

L'ENGRAISSEMENT

DEUXIÈME ÉDITION, REVUE ET CORRIGÉE

PAR

M. DANZEL

D'AUMONT

MEMBRE DE LA SOCIÉTÉ D'AGRICULTURE

PRIX : 1 FRANC

AMIENS

CHEZ LES PRINCIPAUX LIBRAIRES

—

1869

ESSAI

SUR

L'ENGRAISSEMENT

S

Amiens. — Imp. de T. JEUNET, rue des Capucins, 47.

PRÉFACE.

Lorsque je publiai la première édition de ce travail, la France sortait à peine des agitations de 1848 : la propriété avait été ébranlée, les fermages avilis, la culture était en désarroi et les transactions très-difficiles.

Au milieu de la détresse publique, la boucherie parfaitement organisée faisait seule d'excellentes affaires ; maîtresse absolue du marché, elle achetait les animaux à vil prix, tout en maintenant pour la viande les cours du passé. Cet état violent ne pouvait durer, la réaction ne se fit pas attendre, des boucheries de bienfaisance s'organisèrent dans tous les centres populeux, la viande fut ramenée à un prix raisonnable et vendue suivant sa qualité. « Puissent les bouchers ne pas oublier cette sévère leçon. » Depuis, grâce à l'aisance générale, la consommation n'a cessé de s'accroître, et malgré l'élévation des prix, elle prend des proportions inouïes. En interrogeant l'avenir, on se demande avec inquiétude si la culture saura se transformer pour satisfaire à de si grands besoins ? De son côté l'engraisseur, pris entre les achats forcés des usiniers, l'hiver, et des pâturiers, l'été, parviendra-t-il à se procurer en suffisante quantité des sujets d'engraissement ? Serait-il obligé de renoncer à cette excellente pratique ?

Il renoncerait par là même aux fructueuses récoltes que procure le précieux fumier des bêtes à l'engrais. Que faire alors ? Perfectionner ses méthodes d'engraissement et prendre toutes les mesures propres à soutenir la concurrence sans trop de désavantage.

Adoptera-t-il cette théorie que les savants ont voulu substituer aux connaissances acquises, *l'animal consomme en proportion de son poids ?* Il en résulterait que l'animal augmentant en poids par suite de l'engraissement, la nourriture devrait augmenter au fur et à mesure de son développement, tandis que l'on augmente la richesse nutritive en diminuant la quantité. Lorsque vous mettez à la pâture des bêtes du même poids, toutes devraient arriver en même temps puisqu'elles participent au banquet commun ; d'où vient que les unes sont prêtes au bout de trois mois, tandis que d'autres n'arrivent qu'après quatre et cinq mois ? D'autres même sont plus maigres à la sortie qu'à leur entrée dans l'herbage. C'est là ce qui fait la différence de prix dans l'acquisition et pourquoi les bêtes avancées sont meilleur marché à 1 fr. 40 c. que les médiocres à 1 fr. 20 c.

Le cultivateur n'a pas de fautes à commettre ; aux savantes théories il préférera la pratique. Il est des maîtres habiles pour lesquels l'engraissement n'a pas de secrets ; il aura les yeux fixés sur eux, et s'il n'arrive pas à les valoir, du moins évitera-t-il les principaux écueils.

Gardons-nous de perdre courage. L'Engraissement est un art difficile ; mais c'est aussi le triomphe de l'agriculture ; c'est prendre une bête chétive et la revêtir de ses plus beaux atours. Laissons à d'autres les tours de force (les bêtes de concours ne sont pas autre chose) : ce n'est pas pour la gloriole, mais pour le profit, que l'agriculteur travaille. Faisons bien les choses faciles, et nous aurons bien rempli notre tâche. Puissent ces conseils, fruits d'une longue pratique, aider ceux qui voudraient résolûment se mettre à l'œuvre, à marcher dans cette voie !

C. DANZEL,

Membre de la Chambre d'Agriculture.

NOUVEL ESSAI

SUR

L'ENGRAISSEMENT

PLAN DE CE TRAVAIL.

Tous les animaux de la basse-cour peuvent être utilement engraissés, depuis la volaille qui orne nos tables jusqu'au jeune cheval paré pour la vente. Notre cadre sera moins vaste, nous nous bornerons aux races ovine, bovine et porcine. Nous dirons : 1° les conditions que doivent remplir les sujets d'engraissement ; 2° la valeur approximative des aliments ; 3° les méthodes pratiquées dans nos contrées ; 4° comment on peut apprécier les progrès pendant l'engraissement, et la valeur au moment de la vente.

ÉLEVAGE DES VEAUX.

Habituellement on tuait tous les veaux à quinze jours ; à peine quelques-uns étaient préparés pour la ville, et quelques génisses réservées pour l'entretien de l'étable. Cette année, grâce à la rareté du bétail, on a élevé toutes les génisses. Retenues longtemps à l'avance, elles étaient payées au moins 50 fr. en naissant. Il en serait résulté un grand déficit dans la consommation du veau, si les cultivateurs, alléchés par l'appât du gain, n'avaient gardé tous les mâles jusqu'à six semaines ou deux mois. Dès lors, le vide a été

comblé et on a consommé de bien meilleure viande.
Cette révolution pacifique nous a d'un coup rapproché
des habitudes anglaises. Dans ce pays modèle on élève
presque tous les veaux, les femelles pour la conservation, et les mâles, constamment engraissés, sont tués
à deux ans et pèsent de 5 à 400 kilos.

Si ce progrès se maintenait et qu'à l'élève des bouvillons on joigne la sévère réforme des vaches avant
qu'elles ne soient impropres à la bonne boucherie, le
problème de la consommation qui se dresse aujourd'hui
si menaçant serait bien près d'être résolu.

Si ces habitudes invétérées se transforment, l'éle-
vage du veau sera appelé à un très-grand avenir et
deviendra une partie importante de la culture. Pendant
le premier mois, tous les veaux reçoivent la même
nourriture, c'est-à-dire de 25 à 30 litres de lait pur; à
partir de cette époque, le veau de garde reçoit du lait
écrêmé légèrement, additionné de son, de tourteau et
de mouture; à mesure qu'il vieillit on diminue le lait
et on augmente la ration de farineux. Parmi ceux-ci le
froment est de beaucoup le meilleur, et quand le blé
est à un prix raisonnable on se trouve fort bien d'en
donner, tout en laissant le son avec la farine. Les
bonnes ménagères en composent une espèce de bouil-
lie qui produit d'excellents effets; mais lorsqu'on ne
peut pas compter sur ces soins exceptionnels, il vaut
mieux faire les mélanges à froid ou même donner à
part la boisson et les farineux. Dans certain pays on
remplace le lait par de l'eau de foin; je l'ai essayé
avec succès. Dès que les élèves ont atteint l'âge de
deux mois, on peut leur donner du fourrage vert ou
sec, des légumes, etc., et les lâcher dans un petit en-
clos où ils puissent prendre leurs ébats et s'essayer à
pâturer, car autant on doit éviter au veau de boucherie
toute espèce de mouvement, autant il faut donner de
liberté au veau de garde.

Si un cultivateur élevait ehaque année, à l'instar des génisses, deux bouvillons de bonne sorte, au bout de quatre ans il vendrait à la boucherie deux bêtes qui, ayant été bien tenues et bien engraissées, lui produiraient environ 1,000 fr., c'est-à-dire autant que le bénéfice de dix vaches à l'engrais, et ce avec une dépense bien moindre et sans avance de capitaux.

ENGRAISSEMENT DES VEAUX.

L'engraissement des veaux nécessite une organisation toute particulière. Il faut choisir un local chaud et sain et le partager en cases graduées, de manière à ce que le veau ne puisse pas se retourner ; on le met en naissant dans les plus petites et on le change à mesure qu'il s'accroît. Les veaux prennent facilement l'habitude de se sucer ou de manger de la paille : on les en empêche en leur mettant un panier en osier ou en fil d'archal.

L'engraissement le plus naturel consiste dans le lait pur : il faut de 15 à 20 litres au jeune veau, et de 25 à 30 au veau d'un mois ; aussitôt que la mère est au-dessous de sa tâche, il faut lui en adjoindre une seconde et même une troisième, si l'engraissement se prolonge. Cette grande consommation de lait a fait essayer une foule d'aliments destinés à le remplacer. Je citerai les œufs, le riz, les rognures de pain d'autel, la farine de froment, le pain blanc grillé, une pâte savonneuse que l'on se procure à Rouen, etc. Il en est qui mêlent les œufs à la farine et en font une espèce de gâteau que l'on émiette au fond du seau avant de traire.

Du reste, il est une foule de pratiques qu'emploient les bonnes ménagères et dont elles gardent le secret.

C'est une excellente spéculation que l'engraissement des veaux, pourvu que l'on dispose d'une fille de cour entendue ; la proximité de la ville facilite beaucoup l'écoulement des produits et l'acquisition des veaux de remplacement.

L'arrondissement de Pontoise a la spéculation de l'engraissement, ou, pour mieux dire, du blanchiment des veaux. Des pourvoyeurs recrutent dans le Berry, le Limousin, la Bretagne et même l'Auvergne, de grands veaux de trois mois qui n'ont que la peau et les os ; aussitôt arrivés, on leur donne des buvées d'eau chaude dans lesquelles on a fait dissoudre, en les battant fortement, du lait, des œufs et de la farine. Cette nourriture substantielle et rafraîchissante les transforme rapidement : leurs yeux ternes deviennent vifs et clairs, les traces sanguignolentes disparaissent. Au bout d'un mois on les livre à la boucherie, et personne ne pourrait croire qu'un tel miracle se soit opéré en si peu de temps.

Il existe une excellente manière d'élever les veaux en les laissant sucer les mères, soit qu'on les mette en toute liberté dans une étable particulière, soit qu'on les attache et qu'on les fasse téter aux heures une ou plusieurs vaches. M. Emile Racine, l'éminent cultivateur du Bois-Ricquier, pratiquait en grand cette dernière méthode, et fournissait à la boucherie des veaux de première qualité. Je me suis parfaitement trouvé de faire sucer les veaux, soit pour la garde, soit pour la boucherie ; mais il faut choisir des vaches d'une douceur éprouvée et les nourrir beaucoup, car le veau tire plus fort que la fille de cour. Cette méthode a été mise à profit pour une génisse complètement inabordable : à trois mois on a vendu le veau 100 fr. et la mère pour l'herbage.

Dans une partie de la Normandie on fait vêler les vaches dans le courant de février, et au bout de quinze jours on les lâche à la pâture avec leurs veaux ; on les abandonne ainsi jusqu'à la Toussaint ; à cette époque on vend les mâles pour l'attelage, et les génisses viennent sur nos marchés, où elles passent pour des 18 mois, ce régime les ayant considérablement développées.

Nous connaissons un cultivateur qui n'a gardé cette année que deux vaches pour la consommation de la maison. Les trente autres ont élevé leurs veaux en liberté et ont parfaitement réussi.

Un veau recevant pour 1,50 à 2 fr. de lait par jour, peut augmenter d'un kilog., c'est-à-dire autant qu'une vache ou un bœuf. On voit par là que les bouchers ont un grand avantage à les mettre en pension à raison d'un franc par jour ; c'est à peine la rétribution du premier mois.

Les veaux de 1re qualité donnent 70 0/0 du poids vif.

Les veaux de 2e qualité donnent 62 0/0 du poids vif.

Les veaux de 3e qualité donnent 54 0/0 du poids vif.

RACES DIVERSES.

—

Si tous les cultivateurs doivent connaître les diverses races sur lesquelles ils sont appelés à opérer, à plus forte raison ceux qui se livrent à l'engraissement. C'est pourquoi nous allons passer brièvement en revue les espèces qui se recommandent à l'attention.

Races anglaises. — Traitant de l'engraissement, nous devons accorder la première place aux races anglaises, façonnées presque toutes en vue de l'engraissement. Déjà nos voisins possédaient d'excellentes vaches telles que celles d'Angul, du Devon, d'Airsyre, d'Aldernay, etc., lorsque le génie persévérant de Charles Collins les dota de la célèbre race Courte-Corne, plus connue sous le nom de race de Durham. Cette race merveil-leuse, que l'on croit issue de la Cotentine et de la Hollandaise, réunit à la perfection des formes la plus grande aptitude à prendre la graisse. Son lait, peu abondant, est très-crémeux et son beurre excellent; elle se croise avantageusement avec la plupart de nos races, qu'elle améliore immédiatement; elle a la tête courte, les cornes petites et transparentes, les jambes fines et droites, les cuisses rondes et garnies de chair jusques en bas, l'épine dorsale droite comme une flèche, le dos large et plat, le corps arrondi, la poitrine large et descendue, le poil fin et frisé; elle est d'un blanc pur ou rouge piqueté de blanc. Cette même race est très-précoce, et les parties les plus recherchées sont les mieux garnies de viande. A égal volume, elle a un tiers moins d'os que la vache suisse et un quart en moins que la bête française. Elle s'entretient très-facilement, et elle s'engraisse à l'auge ou à la pâture avec une ration très-ordinaire; sa couleur est peu persistante, elle reste blanche ou bringée avec les normandes, et rouge avec les flamandes.

Dans ce moment, où l'accroissement de la viande est la tendance générale, nous croyons cette race appelée à rendre les plus grands services; mais jusque-là son prix très-élevé est un grand obstacle à sa propagation. Du reste, elle est le meilleur type pour la conformation, et plus une bête ressemble aux Durham, plus elle approche de la perfection.

Race hollandaise. — La vache hollandaise a tous les caractères d'une race persistante; elle a les jambes un peu hautes, le corps grand et fort, la croupe ovalée, les cornes courtes et dirigées en avant, les os des hanches saillants, le cou mince et déprimé, la tête étroite, la robe à peu près uniformément tachetée de noir et de blanc, la peau soyeuse, le poil fin, les mamelles grosses et pendantes. Cette race consomme beaucoup, mais elle donne une très-grande quantité d'un lait assez pauvre. Lorsque son lait est tari, elle s'engraisse facilement et fournit une viande estimée. Elle se croise facilement avec la race Cotentine, qui améliore sa construction ainsi que la qualité de son lait ; mais elle perd difficilement le coup de hache qui forme son cachet distinctif.

Race suisse. — C'est de la Suisse que l'on a tiré les plus belles races de vaches ; mais pour éviter une prompte dégénérescence, il faudrait importer en même temps ses gras pâturages.

Le Comice d'Amiens avait introduit parmi nous la race de Schvitz, qui est une des plus petites du pays ; elle a une bonne construction, donne bien du lait et s'engraisse assez facilement, mais on lui reproche sa trop grande quantité d'os qui la tare pour la boucherie et rend le part dangereux, sa couleur et son cornage déprimés, qui la mettent en défaveur sur le marché. Ce sont des préjugés, dira-t-on, mais le cultivateur a plutôt fait de se conformer aux préjugés que d'user sa vie à les combattre.

RACES FRANÇAISES.

—

Race Normande. — Au premier rang de nos contrées brille la race Normande ; aucune des provinces de France n'élève et n'exporte autant de bétail que la Normandie. Dans l'immense étendue qu'elle comporte, chaque contrée a sa spécialité suivant la nature de son terrain ; ici on fait le beurre, là les fromages, plus loin l'élève ou l'engraissement ; mais ce qui se retrouve partout, c'est l'amour et l'entente des bestiaux. Lorsque l'on voit passer pour l'engraissement du Nord ces immenses troupeaux de bêtes de cinq à six ans sacrifiées à la fleur de l'âge, on comprend comment ce pays peut fournir d'excellentes alainières à plusieurs départements : tandis que la Picardie conservant ses vaches jusqu'à 10 ou 12 ans, ne pourrait pas, avec les bêtes du pays, subvenir à sa consommation.

La race Normande forme deux divisions principales : la Cotentine et la vache de la vallée d'Auge. La Cotentine est la Durham de nos contrées ; elle a les os minces, les jambes fines, la cuisse garnie de chair, les cornes courtes et transparentes ; elle dépasse rarement 500 kilos.

La vache de la vallée d'Auge a une immense charpente, des mamelles énormes. Elle atteint 800 kilos et plus ; aussi son engraissement exige les plus gras pâturages ou l'immense approvisionnement des usines.

En dehors de ces races principales se groupent une foule de sous-races qui rappellent plus ou moins la souche primitive.

Race de la Mayenne. — On a introduit cette année en Picardie un grand nombre de vaches de la Mayenne ; elles s'engraissent bien, mais elles donnent un faible rendement à la boucherie, ainsi que leur pelage fade le faisait supposer.

Race Bretonne. — Ce n'est pas la vraie Bretonne qui vient ordinairement jusqu'à nous, mais une très-bonne contrefaçon à laquelle on ne peut faire qu'un reproche, la faiblesse de son poids qui ne dépasse guère 350 kilos.

Race Charolaise. — On a amené cette année de très-bons spécimens de la race Charolaise ; elles sont peu laitières, mais très-propres au travail et à l'engraissement.

Race Flamande. — La vache Flamande, caractérisée par la couleur rouge tirant sur le brun, est une des meilleures races laitières ; elles prend de très-grands développements dans les riches pâturages de la Flandre et se rapetisse en arrivant dans l'Artois. Autrefois on importait une très-grande quantité de génisses Flamandes en Picardie et elles y réussissaient fort bien ; maintenant il en vient bien moins ; la Flamande coupée de lait s'engraisse facilement et sa viande égale, si elle ne surpasse, celle du bœuf.

Race Picarde. — La vache Picarde est une dégénérescence de la race Flamande ; se conservant assez bien sur les plateaux, elle devient chétive et hideuse dans la vallée de Somme. Elle est très-laitière ; aussi la conserve-t-on jusqu'à dix ou douze ans.

C'est une très-grande faute au point de vue de la consommation de la viande, car engraissée à cinq ou six ans elle ferait une viande de boucherie très-passable.

VALEUR APPROXIMATIVE DES ANIMAUX.

La nature a mis à notre disposition un grand nombre de substances qui peuvent servir à l'alimentation des animaux ; les unes, peu alibiles, obligent à suppléer à la qualité par la quantité ; les autres, au contraire, renferment sous un faible volume une grande valeur nutritive ; avec la ration d'entretien, l'animal se conserve à l'état normal ; si vous doublez cette ration, le sujet entre dans l'état d'engraissement qui, poussé à l'extrême, devient exceptionnel et presque maladif ; mais pour obtenir de l'animal cette plus grande consomma-

·tion, il faut exciter son appétit par la diversité des mets et par leur mélange intelligent, car plus l'engraissement est prompt, plus il est avantageux. Nous partagerons les nourritures en cinq catégories : 1° le grain ; 2° les tourteaux ; 3° les légumes ; 4° les fourrages ; 5° les résidus de distilleries.

1° LE GRAIN.

Le grain sera toujours la meilleure nourriture, et les bouchers reconnaîtront au maniement les animaux nourris de cette façon ; leur chair est plus ferme et ils supportent mieux l'attente ou le déplacement ; on donne le grain de diverses manières. Le blé et l'avoine peuvent être donnés dans leur balle ; on peut également les faire cuire ou gonfler dans l'eau ; mais la méthode la plus suivie consiste à les donner grossièrement moulus ou concassés. Le cultivateur ne doit pas ambitionner de préparer la farine qui alimente sa maison ; mais il lui importe d'avoir un bon concasseur pour le service de ses animaux.

Le Blé est la nourriture par excellence ; mais on ne peut le consacrer à la nourriture des animaux que lorsqu'il est à bas prix, ou dans les circonstances exceptionnelles, telles que les vaches de concours, les veaux d'élèves ou d'engraissement, les agneaux, les étalons, etc. On peut encore remplacer l'avoine ou les fourrages par du blé héouppé. Du reste, on trouve au marché d'Amiens du blé mêlé d'orge, de lentilles et de toutes les graines de la création, au même prix que de l'orge, et qui peut remplir le même usage. A présent que presque tous les blés sont vendus pour la boulangerie, il y a nécessité absolue de les préparer avec soin et de faire assez forte la part des criblures, qui serviront à la nourriture des animaux.

Fèveroles. — La terre de Picardie n'est pas toujours

assez riche pour produire les fèveroles ; c'est une précieuse ressource pour l'engraissement ; l'Artois et la Flandre en font une très-grande consommation.

La Lentille d'hiver ou *de mars* est très-échauffante : il ne faudrait pas en abuser ; mais lorsqu'on a une vache molle, lymphatique, huit jours de lentilles suffisent à lui redonner du ton, de l'énergie.

La Bisaille gagne tous les jours du terrain dans nos contrées ; on la considère avec raison comme un très-bon dessolis. On donne le grain cuit, ou gonflé à l'eau, ou grossièrement concassé. Sa paille hachée est très-bonne dans les soupes économiques.

L'Orge d'été ou *d'hiver* affectionne particulièrement les sols calcaires bien fumés ; c'est une très-grande ressource pour l'engraissement des vaches, des moutons et des porcs ; on le donne surtout en moutures.

L'Avoine se mêle avantageusement à la pamelle pour faire des moutures ; mais son prix élevé la fait réserver pour les chevaux.

Le Seigle est peu utilisé dans l'engraissement ; par contre, le sarrasin et le maïs rendent de grands services, surtout pour les porcs.

2° LES TOURTEAUX.

Les grains oléagineuses fournissent, après l'extraction de l'huile, un très-bon résidu nommé pain d'huile, ou tourteau. La valeur nutritive diffère essentiellement suivant l'espèce de graine. On place en première ligne le lin, puis la cameline, que les moutons préfèrent ; l'œillette, le colza, le chènevis suivent de loin ; et en dernier lieu les tourteaux étrangers, tels que l'arachide, le sésame, etc. Les tourteaux sont une nourriture excellente ; malheureusement la fraude, qui gâte tous les commerces, a beau jeu à falsifier les tourteaux, ne fût-ce qu'en mêlant au lin les qualités inférieures ; on avait essayé, pour conjurer la fraude, de faire bouillir la graine ; mais cette méthode offre des inconvénients.

Les tourteaux sont à la fois toniques et émollients ; on ne peut guère engraisser sans leur concours ; ils forment le principal condiment des soupes économiques.

Les tourteaux fournissent un excellent engrais. Les Flamands en font un très-grand usage, et leurs terres enrichies de longue main le leur rendent avec usure. Nous avons bien de la peine à les imiter ; mais du moins, en les donnant aux bestiaux, ils communiquent aux fermiers une grande valeur. C'est ce que les Normands reconnaissent de suite à leur entrée dans les étables.

VALEUR APPROXIMATIVE DES ALIMENTS.

3° Légumes.

Autrefois circonscrits aux jardins, les légumes occupent maintenant une place importante dans l'agriculture ; non-seulement ils permettent d'entretenir un grand nombre de bestiaux, mais ils forment la base essentielle de l'engraissement. Les légumes ont eu à vaincre bien des préjugés ; il a bien fallu pourtant se rendre à l'évidence des faits.

Les légumes exigent une culture très-soignée, beaucoup d'engrais et des frais considérables de binage et d'arrachage ; mais, à surface égale, ils fournissent deux ou trois fois autant de valeur nutritive que toute autre récolte.

L'engraissement avec les légumes seuls donnerait une viande molle et sans qualité ; aussi on les mélange avec d'autres aliments et on diminue au fur et à mesure la quantité, tout en donnant jusqu'à la fin ; les légumes gagnent à la cuisson, principalement les pommes de terre.

Pommes de terre. — La culture de ce précieux tubercule a sensiblement diminué depuis l'invasion de la maladie, et c'est une grande perte pour l'engraissement ; en effet, les pommes de terre cuites à la vapeur et réduites en farine grossière se mêlaient avantageusement aux nourritures hachées ; la pulpe les remplace très-imparfaitement. Si, comme tout le fait espérer, la maladie vient à disparaître, cette culture reprendra le rang qu'elle occupait autrefois ; en attendant, j'ai cru devoir leur payer un tribut de reconnaissance.

Betteraves. — On distingue de nombreuses variétés de betteraves ; pour les cultivateurs, il n'y a que deux divisions : la betterave à sucre ou blanche de Silésie, qui est, dit-on, plus riche, mais moins abondante, et la betterave commune, corne de vache, globe rouge, globe jaune, etc. On compte en général 50 kilos par jour pour la ration d'une vache à l'engrais.

Carottes. — On cultive plusieurs espèces de carottes : la jaune et la rouge sont les plus nutritives ; mais on leur préfère la blanche à collet vert, qui est bien plus abondante ; on en donne environ 40 kilos par jour.

Rutabagas. — Ces légumes, qui sont très-nutritifs et très-difficiles à diviser, se plaisent dans les terres fortes ; ne craignant pas la gelée, ils peuvent être arrachés au fur et à mesure des besoins.

Navets. — Ces légumes, qui viennent promptement, sont peu nutritifs ; ils peuvent servir à commencer l'engraissement.

Les *Topinambours* sont fort vantés par certaines personnes, mais je n'ai jamais pu leur trouver grand mérite.

2

4° FOURRAGES, WARATS.

Sous cette dénomination générale, nous comprendrons tous les fourrages, quels qu'ils soient : fourrages en grains, tels que hivernages, lentilles, bizailles, ou les produits des prairies naturelles ou artificielles. Rien de plus variable que ces fourrages, suivant les terres ou les circonstances atmosphériques qui ont présidé à leur récolte. Dans nos pays, où l'on compte tant de variétés de foin, depuis les prés irrigués de la vallée de la Bresle jusqu'aux foins de la vallée de la Somme, bons au plus comme litière, nous nous demandons comment on a pu prendre pour type le foin, la chose du monde la plus variable.

Le *Sainfoin* est le premier de tous les fourrages ; aussi, ce n'est que la deuxième coupe qui sert à la nourriture des vaches.

La *Luzerne* est inférieure au sainfoin ; cependant, on ne donne aux vaches que la deuxième et la troisième coupe.

La *Minette en fleur* est très-bonne pour les vaches, ainsi que le *Trèfle anglais*.

Le *Trèfle ordinaire* sert aux chevaux de culture pour la première coupe, et aux vaches pour la seconde.

Tous ces fourrages en graines ne sont susceptibles d'être employés que hachés.

Il y a bien des sortes de warats en grains, mais ils ne peuvent être donnés en cet état qu'aux moutons. Battus, ils font de très-bonne mouture, et leur paille spongieuse s'imprègne parfaitement de l'excellent jus fourni par les légumes et les tourteaux.

5° RÉSIDUS DES DISTILLERIES.

Autrefois le Nord avait le privilége exclusif des usines où l'on travaillait les betteraves ; mais on s'est aperçu que la terre s'appauvrissait à la longue, et les nouvelles fabriques se sont implantées dans les pays vierges où la betterave ne revient qu'à de longs intervalles. Aussi maintenant beaucoup de cultivateurs fournissent des betteraves aux sucreries et en rapportent de la pulpe en échange.

La pulpe est très-bonne pour l'engraissement dont elle diminue les frais. On ne peut guère la donner pure, il vaut mieux la mélanger à la paillette, aux tourteaux ou à la mouture ; elle est assez difficile à conserver. Les silos en terre sont très-bons, mais on n'a pas toujours d'emplacement favorable. Je me trouve très-bien de la méthode suivante : on prépare, dans un endroit couvert des silos ayant un mètre de large sur un mètre de haut ; l'extrémité est adossée à la muraille et la devanture fermée avec des planches. Lorsque la pulpe arrive, on la décharge dans l'un des silos, en la tassant au fur et à mesure ; au bout de quelques jours on la tasse de nouveau, on complète le silo et on le recouvre avec dix centimètres de terre forte qu'on lute fortement et qu'on termine par une feuille de mortier. Grâce à ces précautions, la pulpe devient semblable à la farine et peut se conserver indéfiniment.

RÉSIDUS DIVERS.

Les distilleries-féculeries donnent d'excellents résidus que, faute de pouvoir transporter, on utilise sur place. Nous ne nous en occuperons pas ; nous dirons quelques mots de la drèche, nom qu'on a donné à l'orge et à l'avoine employés à la fabrication de la bière. Ce produit se conserve asssz bien l'hiver ; mais l'été on est forcé de le stratifier par couches, alternant avec du sel.

Effets du Sel. — On avait voulu faire jouer au sel un rôle important auquel il ne se prête guère : je crois que l'on doit seulement l'employer comme condiment. Mélangé aux fourrages avariés, aux pommes de terre malades, aux soupes économiques, il assaisonne et fait manger sans inconvénient les aliments malsains, et remet en appétit les bêtes dégoûtées.

***

PRÉLIMINAIRES DE L'ENGRAISSEMENT.

Disposition des Étables. — Les nouvelles constructions contiennent des dispositions très-heureuses aussi bien pour le confort des animaux que pour la facilité du service. Mais autant les étables spacieuses et bien aérées conviennent aux bêtes de conservation, autant l'engraissement réclame des étables petites et chaudes où le service soit prompt et le danger des épidémies bien diminué.

Vous trouvez dans le Nord des centaines de vaches engraissées à la fois, divisées par écuries de douze chacune ; les vachers font ensemble le service, une voiture distribue la nourriture. En vingt minutes les animaux sont terminés et restent paisibles jusqu'au prochain repas.

La chaleur est très-utile à l'engraissement ; la température peut être élevée de 20 à 25 degrés. Il faut y amener les bêtes progressivement, et on constate bientôt les meilleurs résultats : le poil devient lisse, les pores se dilatent et l'engraissement marche rapidement. On prétend, il est vrai, que ce système est plus favorable au fournisseur qu'au boucher, car les bêtes seraient un peu soufflées. Pourtant, j'ai acheté un grand nombre de bêtes chez M. Warembourg, qui suivait rigoureusement ce système, et la boucherie s'en est toujours très-bien trouvée.

Les étables doivent être pourvues d'auges en pierre bleue ou du moins en briques revêtues d'une couche de chaux de Saint-Quentin. Si on donne des aliments liquides, elles doivent être tenues très-proprement et lavées une fois par jour ; les bêtes à l'engrais sont très-susceptibles ; la moindre odeur leur fait prendre en dégoût les aliments, et il faut plusieurs jours de diète pour les remettre en appétit.

Les auges doivent être surmontées d'un râtelier droit destiné à recevoir la paille et le fourrage : car il est des vaches qui mangent le fourrage jusqu'à la fin. Si elles le dédaignent, on le repasse à d'autres moins friandes.

DISPOSITIONS PRÉLIMINAIRES.

Les vaches doivent être attachées par le cou avec des chaînes en fer et séparées par des stalles ; si on les met deux dans chacune, il faut les accoupler d'égale force et les attacher au côté extérieur. La propreté est une des conditions essentielles de l'engraissement ; la disposition des étables la facilite beaucoup ; il est bon qu'elles soient pavées ou bétonnées, qu'une pente légère favorise l'écoulement des urines et qu'un ruisseau les conduise jusqu'à la citerne placée extérieurement. Une litière abondante renouvelée à chaque repas doit être soigneusement entretenue et le nettoyage fait très-régulièrement.

Il est des personnes qui étrillent les vaches à l'engrais ; pour moi, je préfère le bouchon de paille à l'étrille.

La plus grande régularité doit présider à la distribution des aliments ; les bêtes s'habituent très-vite aux heures de repas, et lorsque la ration est en retard, elles s'agitent et se tracassent ; après leur repas, elles se couchent pour digérer et il faut bien se garder de les faire lever sans une extrême nécessité. C'est pour cette raison que plusieurs nourrisseurs ne donnent que deux repas par jour. J'ai expérimenté les deux systèmes et je n'ai pas trouvé d'avantage marqué à l'un ou à l'autre, car en donnant deux repas on économise la main-d'œuvre ; mais il faut augmenter la ration, ce qui peut engendrer la satiété.

On voit par ces détails combien les petites étables sont préférables aux grandes ; le service est plus prompt, et chaque série reçoit la nourriture appropriée à son degré d'engraissement.

M. Decrombecque, de Lens, a inauguré une métho e qui a rencontré un grand nombre de partisans : on dispose des boxes pour une ou deux vaches, ayant un mètre en contre-bas du sol, et des auges qu'on relève à volonté ; les vaches reçoivent leur nourriture comme de coutume, et on entretient la propreté soit avec la litière ordinaire, soit avec un mélange de terre cuite écrasée, de cendres, de poussière de chaux, etc., que l'on a préparé à l'avance et déposé sous un hangar ; à chaque repas on en répand une légère couche sous les bestiaux, qui se trouvent très-bien de ce système ; aussitôt la vente, on sort de l'étable un compost excellent pour mettre en couverture sur les récoltes. On fait de cette manière beaucoup plus de fumier que par la méthode ordinaire, et il est bien meilleur.

Saignées. — Lorsqu'on achète une vache pour l'engraissement, on tient beaucoup à ce qu'elle ait un reste de lait : 1° parce que c'est la preuve qu'elle n'a pas été essayée sans succès ; 2° parce qu'en la coupant de lait, elle prend plus facilement. Pour arriver à ce résultat, on profite de la fatigue occasionnée par le déplacement. La diète et la traite intermittente suffisent ordinairement. On peut encore faire avaler à la vache, pendant trois jours, un litre d'eau salée, ou recourir à la saignée. Il est des engraisseurs qui en font un très-grand usage, soit avant, soit pendant l'engraissement. Je trouve à cette pratique le très-grand inconvénient d'amollir les chairs et de tarer pour la vente. Si c'est pour éviter les coups de sang qu'on y a recours, c'est un médiocre préservatif, car on a vu des vaches mourir de coups de sang huit jours après avoir été saignées. Je crois qu'on ne doit y recourir que lorsqu'elle est très-clairement indiquée.

Doit-on mener les vaches au taureau pendant l'engraissement? Je crois que dans les premiers temps il est très-utile de les y conduire, car si elles prennent un veau, elles sont plus faciles à engraisser ; mais plus tard le déplacement peut leur nuire ; il vaut mieux recourir à la saignée et les mettre à un régime rafraîchissant.

CHOIX DES SUJETS D'ENGRAISSEMENT.

Le succès de l'engraissement dépend principalement du bon choix des sujets ; trois choses sont surtout à considérer : 1° l'âge ; 2° la conformation ; 3° l'aptitude à prendre la graisse.

1° *L'âge :* L'animal en naissant s'engraisse facilement avec le lait de sa mère ; dans le fort de sa croissance il s'engraisse difficilement et la viande demi-formée est peu prisée par la ménagère. C'est lorsqu'il a acquis tout son développement, c'est-à-dire de quatre à six ans qu'il prend mieux la graisse et que sa chair a acquis toute sa maturité. Ainsi, trop jeune, l'animal croît en engraissant; trop vieux, la chair est coriace, la graisse est huileuse, et le rendement médiocre. Toutefois cette règle générale subit des exceptions : on a vu de jeunes bêtes très-bien réussir surtout à l'herbe et de vieilles bêtes faire une très-bonne mort.

2° *La Conformation :* Chez tous les animaux, plus la conformation est irréprochable, mieux ils s'assimilent la nourriture. Ainsi, les bêtes trapues, larges de poitrine, ayant l'épine dorsale droite, le côté large, les cuisses descendues, la tête fine et légère, s'entretiennent bien mieux que les bêtes anguleuses, hautes sur jambes, au dos arqué, au ventre ballonné, et tandis que les premiers abondent en morceaux de choix, les autres, si elles engraissent, sont indignes de figurer sur une bonne table.

3° *L'Aptitude :* L'aptitude se décèle par la réunion de tous les symptômes favorables ; les maniements aident puissamment à la reconnaître ; autant il est facile de la démontrer sur place, autant il est difficile de la définir. C'est en cela que les Normands excellent : à première vue ils prédisent à coup sûr la durée de l'engraissement, le poids et la qualité de la bête au jour de la vente ; c'est le fruit d'une longue et intelligente pratique.

Outre ces données principales, il en est d'accessoires qui ne sont pas à dédaigner, ainsi la race : il y a de bons animaux dans toutes les races, mais il en est qui en fournissent plus que d'autres : ainsi les races anglaises ont toutes bêtes de choix ; la race normande en a plus que la flamande, et celle-ci plus que la picarde, etc.

La Couleur : C'est à tort qu'on a voulu ridiculiser

l'importance que les cultivateurs attachent à la couleur de la robe : car c'est elle qui indique le tempérament, c'est la livrée caractéristique de la race : les couleurs franches, telles que le rouge, le blanc, le noir sont les meilleures, de même les animaux revêtus de plaques aux couleurs tranchées. La couleur blonde est la moins bonne ; les bouchers disent caille de peau, caille de viande, c'est-à-dire fade en couleur, faible en rendement, et la pratique justifie ce dicton ; aussi sans exagérer l'importance de la couleur, il est bon de s'en préoccuper.

Souplesse de la Peau : C'est un diagnostic très-important, le cuir épais, résistant, sans élasticité, indique une bête difficile à nourrir ; la peau douce et souple qui coule dans la main et qu'on appelle peau de taupe, dénote une bête tendre qui prendra aisément. Toutefois les pâturiers rebutent les bêtes dégarnies de poils, car elles résistent mal à la piqûre des mouches et supportent peu la rigueur des nuits. Lorsque les peaux étaient chères, les bouchers recherchaient les cuirs épais, mais maintenant ils préfèrent un kil. de viande à un kil. de peau.

ACQUISITIONS.

La culture ne fournit qu'exceptionnellement des bêtes pour l'engrais ; il faut se les procurer autre part. Nous allons passer en revue les divers modes d'acquisition. Cette année, par suite de la peste bovine, un grand courant d'affaires s'est produit entre la France et l'Angleterre. D'immenses convois de bêtes recrutées dans la Mayenne et la Bretagne traversaient la Normandie et la Picardie pour aller dans le Nord ; là elles étaient engraissées et les plus jeunes passaient en Angleterre. Nous étions réduits à voir défiler ces bandes

sans pouvoir même à prix d'or en détacher une seule ;
on est obligé aujourd'hui d'avoir recours aux marchands en détail, toujours moins bien approvisionnés :
aussi beaucoup d'engraisseurs renoncent à s'approvi-
sionner eux-mêmes et donnent leurs commandes aux
marchands ; c'est encore la meilleure manière lorsque
l'on parvient à rencontrer des hommes consciencieux.

On peut encore acheter aux marchands à leur retour
de foire ; vous choisissez à votre gré et moyennant un
profit convenu à l'avance.

Si aucun de ces moyens ne vous réussit, il vous
reste la suprême ressource des foires et marchés. Les
foires offrent de nombreuses ressources ; mais il faut
une grande habitude pour acheter en concurrence avec
les marchands qui ont leurs fournisseurs habituels ;
puis on est loin, on ne veut pas perdre ses frais de
voyage, il faut emplir un wagon ! On regrette souvent
de ne pas s'être borné aux marchés ordinaires.

Avant d'aborder les marchés, il faut bien arrêter ses
résolutions et se bien renseigner sur les cours, car les
premiers arrivages sont presque toujours les meilleurs ; souvent on recule devant les prix du commencement et on est réduit à les donner à la fin pour des
bêtes bien inférieures.

Lorsqu'une bête vous convient, demandez-la au
marchand ? constatez d'abord son âge, maniez-la pour
apprécier son aptitude à l'engraissement, puis faites-la
sortir du milieu des autres, faites-la marcher pour
juger sa force et sa bonne humeur, faites votre estima-
tion aussi juste que possible, et si elle se rapproche de
celle du marchand, tâchez de vous entendre avec lui.

Gardez-vous d'acheter une bête à l'étable, car elle
vous paraîtrait plus grosse que sortie ; encore moins à
la lumière, car elle revêt des formes fantastiques qui
vous induiraient en erreur.

Si vous soupçonnez une pointe de veau, voyez si la

conformation des mamelles ne laisse pas à désirer ; on peut gagner autant en apprêtant une vache qu'en l'engraissant ; mais si l'on prend ce dernier parti, il faut être sûr de vendre avant que la vache ne soit à six mois, qui est le terme de rigueur.

Autrefois, on comptait 100 fr. de profit pour l'engraissement d'une vache, et souvent on en faisait beaucoup plus ; aujourd'hui, on a bien de la peine à faire 100 fr. Partant de ce prix, combien vaudra une alainière de quatre ans qui, en trois mois, fournira 250 kilos de viande nette, qui, à 1 fr. 60, donnera 400 fr.? Pour avoir 100 fr. de bénéfice, on pourra la payer 300 fr.

Une bête du même poids, mais de deuxième qualité, dont l'engraissement durera quatre mois, à 1 fr. 40, donnera 350 fr. Par conséquent, vous pouvez au plus la payer 250 fr.

Si vous achetez une bête du même poids de troisième qualité , dont l'engraissement durera quatre mois et demi, en la payant 200 fr. vous la payez fort cher, car à 1 fr. 20 elle ne produira que 300 fr. En outre, il convient d'observer que tandis que les bouchers se disputeront la première qualité, ils seront froids devant la deuxième, et vous ne placerez la troisième que dans les plus mauvaises boucheries. Ainsi, comme en beaucoup de choses , les bêtes les plus chères deviennent les meilleures marché.

En présence de bêtes du même poids, recevant la même nourriture et dont l'engraissement dure trois, quatre et cinq mois, que devient la fameuse théorie de la nourriture au poids ? C'est en vain que vous donnerez à des bêtes la même nourriture, elles se l'assimileront plus ou moins, suivant leur aptitude.

Doit - on engraisser des bêtes plus ou moins fortes ?

Cela dépend : 1° de la quantité de nourritures dont

on dispose et des débouchés qu'offre le rayon environnant.

« Lorsque la nourriture que reçoivent les animaux,
« dit M. Chabert, est plus que suffisante pour réparer
« leurs pertes, alors commence la période d'engrais-
« sement : ce sont les parties intérieures, et principa-
« lement le tissu sous-cutané, qui commencent à
« prendre la graisse, puis elle se répand entre les
« muscles autour des glandes lymphatiques et des
« articulations.

« Lorsque ces parties en sont saturées, la nature
« dirige son travail à l'extérieur ; ce n'est qu'en ce
« moment que l'animal passe au fin gras, et qu'il
« acquiert toute sa qualité. »

De cette citation, il résulte que l'animal commence
d'abord par réparer ses pertes, ce qu'on appelle se
remettre en chair. Un mois et plus peuvent être con-
sacrés à cette besogne ; c'est pour cela que l'on débute
en donnant des aliments communs jusqu'à ce que l'a-
nimal soit complétement rassasié. Alors commence
l'engraissement avec les aliments plus nutritifs, qui
seraient donnés en pure perte au début, tandis qu'ils
seront parfaitement de mise à la fin.

Il existe de nombreuses méthodes d'engraissement,
et on ne saurait s'en étonner lorsqu'on récapitule les
produits variés de la terre et la tendance générale des
cultivateurs à utiliser les fruits de leur récolte, même
dans le cas où il y aurait avantage à les échanger
contre d'autres. On compte peu ce que l'on a ; c'est,
dit-on, vendre ses nourritures dans le corps des animaux.

Néanmoins la création des sucreries est venue battre
en brèche ces anciennes idées ; car le cultivateur, allé-
ché par la haute valeur commerciale des betteraves,
les conduit volontiers aux sucreries ; il a droit à un
cinquième de pulpes. Mais en supposant que la pulpe

vaille la betterave, il est forcé d'acheter une certaine quantité d'aliments pour remplacer le produit de sa terre.

En présence de la position si diverse des nourrisseurs, nous nous bornerons à décrire les méthodes en usage dans nos contrées, et chacun choisira celle qui convient le mieux à sa situation :

1° MÉTHODE ORDINAIRE.

La plupart des cultivateurs achètent en août ou septembre les bêtes qui doivent former la première levée de l'hiver. Tout en les coupant de lait à la longue, on les met dans les regains de luzerne ou de sainfoin, et on leur donne à la rentrée des verts de carottes, des navets avec leurs feuilles. On les sort tant que le pâturage est abondant, et lorsqu'il cesse, on les met sérieusement à l'auge. Dans ce premier moment, on donne une pleine ration de betteraves ou de pulpe mêlée à la paillette, et à chaque repas une demi-botte de fourrage alterné, minette, trèfle, luzerne ; le deuxième mois on diminue la pulpe ou les betteraves et on donne par bête deux kilos de tourteau, d'œillette ou de colza, et on commence la mouture. Le troisième mois on diminue encore les légumes ; on supprime le fourrage et on donne quatre kilos de tourteau de lin et deux kilos de mouture.

Il convient de présenter à chaque repas de l'eau édulcorée avec du son. Au commencement les bêtes boivent beaucoup, et très-peu à la fin, surtout avec les légumes. Je ne donnerai pas de chiffre exact pour les rations, car elles diffèrent suivant l'appétit et la qualité des aliments. La règle est celle-ci : rassasier complétement les animaux, mais sans engendrer le dégoût. On estime en moyenne à 1 franc par jour la ration du premier mois, à 1 fr. 25 c. celle du second mois et à 1 fr. 90 c. celle du troisième. Lorsque la vache a été mise à l'auge en bon état, trois mois suffisent parfaitement ; si la vente était difficile au moment où la vache est prête, il faudrait l'entretenir doucement avec une demi-ration.

2° MÉTHODE DU MÉNAGER.

Le ménager qui ne compte ni son temps ni ses peines visite fréquemment sa vache, et chaque fois lui apporte à manger ; peu et souvent, c'est sa devise ; il la sort trois fois le jour dans sa petite cour et lui donne chaque fois une boisson chaude dans laquelle la ménagère a réuni du son, du tourteau, des légumes, des épluchures, etc.; en rentrant à l'étable, la vache retrouve son auge propre, sa litière fraîche et une poignée de fourrage ou d'avoine en gerbe. L'engraissement fait de cette façon revient à très-bas prix, sauf la main-d'œuvre, et marche d'autant plus vite que ce sont presque toujours de petites bêtes.

Cette excellente méthode est surtout pratiquée dans les environs d'Oisemont ; des ménagères ayant un journal de sole achètent vers la fin de la moisson une vache avec un reste de lait. Elle donne la petite provision de beurre de la famille, le petit lait engraisse un porc, et avec le bénéfice fait sur la vache on paie le fermage. On ne saurait trop désirer que cette méthode s'étende et apporte un peu d'aisance au sein des pauvres ménages qui font plus pour la consommation avec un hectare que d'autres avec une grande culture.

3° MÉTHODE DU VIMEU.

Plusieurs riches propriétaires du Vimeu ont une méthode très-simple d'engraissement : elle consiste en légumes et en fourrages. La vache reçoit à chaque repas 12 à 15 kilos de légumes et 4 à 5 kilos de fourrage ; on varie les légumes et les fourrages à chaque repas. Ainsi on donne des carottes, betteraves et rutabagas, minette, luzerne, warats. Il est des vaches qui prennent à ce régime, mais il en est beaucoup pour lesquelles le tourteau est nécessaire.

4° MÉTHODE NORMANDE.

La méthode ainsi désignée ne diffère de la précédente que par quelques points : ainsi la vache reçoit le premier mois, par jour, 50 kilos de légumes et 7 kilos de fourrage ; le second mois, 40 kilos de légumes, 4 kilos de fourrage, 3 kilos de tourteau ; et le troisième mois, 30 kilos de légumes et 5 kilos de tourteau ; quand les bêtes sont très-fortes, on augmente un peu cette ration et l'engraissement dure au moins quatre mois.

5° MÉTHODE WAREMBOURG.

Originaire de Flandre, M. Warembourg avait importé de son pays les meilleures méthodes de culture et d'engraissement; aussi avait-il complètement changé la commune de Marcelcave, qui était devenue aussi remarquable pour la culture que sa voisine, Villers-Bretonneux, pour l'industrie.

A son arrivée à Marcelcave, M. Warembourg obtint de son propriétaire un bail de 18 ans, et il n'hésita pas à construire une ferme tout en maçonnerie avec des étables parfaitement organisées ; elles sont pavées en briques de champ, un ruisseau recueille les urines et les conduit à la citerne; les stalles sont pour deux vaches qui sont attachées par des chaînes au côté extérieur, les auges, en pierre bleue, sont creusées en deux parties et lavées après chaque repas, tantôt à l'eau froide et tantôt à l'eau chaude. Les étables sont fermées par de doubles portes afin d'intercepter l'air extérieur, et une propreté toute flamande règne dans tous les détails.

La nourriture est préparée dans un atelier voisin On y a installé deux immenses cuves destinées à recevoir chacune la nourriture de la journée. Elles sont exhaussées à 50 centimètres du sol et munies d'un robinet. Le matin on achève de vider l'une des deux cuves ; en ouvrant le robinet de l'autre, on en reçoit le contenu dans une cuvelette et on le verse comme ferment dans la cuve vide. Dès lors tous les aliments étant préparés à l'avance, deux ouvriers les stratifient par couches dans la cuve vide, et y ajoutent l'eau nécessaire pour que le mélange trempe. Avec deux fourches ils le retournent parfaitement ; à midi la cuve de la veille, complètement égouttée, est distribuée aux bêtes dans des mannes en osier contenant la ration de deux bêtes.

M. Warembourg faisait dissoudre le tourteau dans l'eau bouillante avant de le verser dans les cuves ; j'ai trouvé plus commode de le pulvériser et d'en saupouder les aliments, ils se divise beaucoup mieux. De même, à la paille hachée, j'ai substitué les warats battus, la minette, sainfoin, trèfle ordinaire ou trèfle anglais battus, qui ont moins de valeur que la paille et s'imprègnent beaucoup mieux qu'elle du bouillon fermenté ; les fèves et les bisailles sont très-propres à cet usage.

La fermentation est plus ou moins active suivant la température : dans les grands froids elle est un peu lente, et dans les temps chauds elle va un peu trop vite ; il faut se diriger suivant la saison ; du reste cette méthode, que l'on peut varier de bien des manières, améliore singulièrement les aliments médiocres, on peut tirer parti des fourrages les plus avariés ; il se dégage des cuves une odeur vineuse qui plaît beaucoup aux animaux et favorise l'engraissement.

6ᵉ Engraissement a la mélasse.

M. Machart, de Selincourt, a une méthode qui se rapproche beaucoup de la précédente ; seulement, il fait grand usage de la mélasse. Cette denrée, qui coûte 12 à 15 fr. les 100 kilos dans les raffineries, se transporte en barils ; elle est nutritive et donne bon goût à tous les aliments. Elle se dissout difficilement ; il faut la faire tremper dans l'eau pendant plusieurs jours et agiter souvent le mélange. Cette méthode n'exclut pas le tourteau ; mais lorsque l'engraissement est commencé avec la mélasse, il faut en donner aux animaux jusqu'à la fin.

7ᵉ Engraissement des vaches laitières.

M. Dubois, de Cavillon, imitant les nourrisseurs des villes, fait marcher de pair le beurre et l'engraissement ; il achète des vaches ayant une tare quelconque, mais fraîches vêlées, et il les nourrit excessivement fort. La vache à ce régime donne prodigieusement ; mais bientôt le lait diminue et la vache prend de l'état ; grâce à l'abondante nourriture, elle devient très-fine et elle fait place à une autre. M. Dubois faisant du beurre pour la ville, le petit lait sert suivant les moments à nourrir des porcs, ou on le donne à boire aux vaches, qui s'en accommodent presque toutes.

C'est un véritable tour de force que d'engraisser des vaches donnant du lait ; aussi les nourrisseurs des villes se hâtent-ils de s'en défaire aussitôt que cela est pos-

sible. C'est à cette coutume que l'on doit attribuer l'in-
fériorité des vaches de Paris, cotées presque toujours
au-dessous des alainières, et le peu de cas que l'on
fait de la vache. En effet, elles sont presque toutes
vieilles et peu propres à la boucherie.

8° Engraissement des vaches taurelières.

Il est des vaches qui, après avoir donné un ou plusieurs veaux, deviennent taurelières, c'est-à-dire se
mettent sans cesse en chaleur sans prendre de veaux.
Cet état, qui dégénère en maladie, entraîne souvent, de
graves accidents ; on reconnaît ces sortes de vaches à
la proéminence de la queue, à l'évasement du bassin
et à deux cavités en guise de salières qui se trouvent
à l'origine de la queue. Aussitôt qu'on manie ces
sortes de bêtes, elles trahissent leur état par des mou-
vements désordonnés ; le bas prix et l'excellente nature de ces bêtes séduisent parfois l'acheteur ; on ne
peut pas faire une plus mauvaise spéculation ; mais
s'il en survient dans son étable, il faut tâcher d'en
tirer parti, non pas à l'herbe, où ce serait impossible,
mais à l'auge, en prenant certaines précautions : 1° Il
faut commencer par leur faire une copieuse saignée ;
2° les mettre seules dans une étable basse et obscure ;
3° éviter de les manier dans le cours de l'engraissement ; 4° leur donner une alimentation rafraîchissante,
telle que légumes et tourteaux d'œillette, du son,
renouveler la saignée si elle est nécessaire, et les
vendre aussitôt qu'il sera possible aux basses boucheries.

9° Nourriture mixte.

La plupart des exploitations ont un nombre de
pâtures proportionné à leur importance ; dans ce cas,

il arrive souvent que les bêtes commencées à la pâture sont terminées à l'auge et réciproquement. Les uns le font par nécessité ; mais d'autres l'érigent en système et s'en trouvent fort bien. Ainsi ils achètent des alainières en janvier, après la première levée, les coupent de lait et les mettent en chair tout en les sortant deux fois le jour. Dès que le temps le permet, on les sort tout en les nourrissant dehors jusqu'à ce que l'herbe devienne abondante ; on fait ainsi des bêtes de primeur que l'on vend en conséquence. On laisse la pâture se refaire pendant les chaleurs et l'on charge de nouveau à la fin d'août ; les bêtes se mettent en état dans les regains, l'engraissement à l'auge va beaucoup plus vite et se termine au mois de janvier. Cette méthode, qui convient peu aux riches pâturages, s'applique très-heureusement aux herbages médiocres, où la sécheresse tarit l'herbe pendant deux ou trois mois.

10° Engraissement d'été a l'étable.

C'est à contre-cœur que nous mentionnons cette méthode anormale ; car s'il est parfois nécessaire de terminer des bêtes dont l'engraissement s'est trouvé retardé, c'est une bien mauvaise spéculation que d'engraisser à l'étable pendant l'été, et les bêtes souffrent de la contrainte ; les tourteaux sont médiocres, les dravières mouillées. Ces bêtes, pour lesquelles la main-d'œuvre est énorme, ne peuvent jamais rivaliser avec celles engraissées à l'herbe. C'est pour la fumure, dit-on ! Comme s'il n'était pas plus commode de doubler ses animaux l'hiver. En ce moment, le fumier se fait bien mieux ; on a place pour le mettre, et on peut tarder à le renfouir ; au lieu que l'été on n'a pas de terre en labour, et la sécheresse ne permet pas toujours de les mettre en terre. Mais comment persuader aux cultivateurs que la ferme doit être comme une maison de commerce, et que le mobilier doit varier en raison des circonstances ?

11° Engraissement a la pature.

L'engraissement à la pâture a beaucoup de rapports avec l'engraissement à l'étable ; il exige autant de soins, si ce n'est plus, pour le choix des animaux. Car telle bête réussira tant bien que mal à l'étable qui échouera tout-à-fait à l'herbe. Toutefois on peut se permettre des bêtes plus jeunes, attendu que l'engraissement durant plus longtemps, elles ont plus de chances d'y réussir. Il est des pâturiers qui se fient à la fraîcheur des nuits pour faire mourir le lait ; mais je crois plus prudent d'opérer à l'étable, comme nous l'avons dit plus haut ; la vache souffre moins et l'engraissement va plus vite.

Doit-on mettre les vaches au pâturage de bonne heure ? Je crois que c'est suivant la nature du terrain tardif ou précoce. Pour moi, je me suis toujours très-bien trouvé de mettre à l'herbe dès le 1er mars, dussé-je nourrir au début : 1° parce que, à quelque époque qu'on les mette, les bêtes sont toujours un certain temps à s'acclimater ; 2° parce que plus l'herbe est pâturée de bonne heure, mieux elle résiste à la sécheresse.

Combien doit-on mettre de bêtes à l'hectare? C'est suivant la force des bêtes et la fertilité du pâturage. En général, on comptait deux bêtes à l'hectare ; mais on a reconnu que moins on chargeait, plus on avait de chances de réussite. De même, dans les pâturages ordinaires, on ne doit pas mettre des bêtes de plus de 225 kilogr., et réserver les bêtes plus fortes pour les riches herbages.

Les pâturages doivent être entretenus avec le plus grand soin ; ainsi on doit faire étendre les bouses, épandre les taupinières, arracher les orties, les chardons, le plantain et autres herbes envahissantes, les amender avec des composts préparés de longue main, et dans lesquels on fait entrer le fumier, la chaux, les boues de rue, la paillette et les débris de toute sorte. On peut aussi mettre parquer les vaches grasses ; mais il faut régler l'entrée et la sortie de façon à ne pas gêner le pâturage.

L'ombrage des arbres nuit beaucoup à l'herbe à laquelle il communique une grande acidité; aussi un herbage fort couvert est-il impropre à l'engraissement; à peine peut-il servir aux vaches à lait, ou mieux encore aux jeunes élèves qui reçoivent leur nourriture à l'étable ; aussi, si on a de vieilles pâtures, il faut enlever tous les arbres médiocres, et si on crée des pâtures nouvelles, espacer fortement les arbres et même comme les Normands ne planter que les bordures.

Abris. — La vache normande habituée à l'air peut se passer d'abris ; mais néanmoins elle s'en accommode parfaitement. Un massif d'arbres très-serré peut suffire à la rigueur, mais il me semble très-utile d'avoir un hangar rustique garni d'auges et de râteliers dans lesquels on apporte de la nourriture au besoin ; les animaux s'y réunissent pendant la fraîcheur des nuits et s'y mettent à l'abri pendant les ardeurs du soleil ; si on y entretient de la litière, la plus grande partie des bouses se trouve utilisée, et si on y ajoute de la terre et de la chaux, on y forme un excellent compost au profit de l'herbage.

Séparation des herbages. — Cette mesure favorise les vaches à lait que l'on ramène chaque jour à l'étable et qui changent volontiers de pâturage ; mais il n'en est pas de même des vaches à l'engrais : celles-ci ont besoin de s'identifier avec le domaine qu'elles ne quitteront plus désormais ; tant mieux s'il est vaste, il a plus de chance de variété, soit par la nature, soit par la date des amendements ; elles pâturent tantôt d'un côté, tantôt de l'autre, suivant les phases atmosphériques, et n'engraissent véritablement qu'au moyen d'un calme absolu.

Mares. — La vache à l'herbe boit fréquemment, surtout dans les grandes chaleurs ; aussi il est indispensable qu'elle ait à sa portée une mare alimentée par un chemin du dehors et garantie du soleil par d'épaisses plantations ; si le terrain est solide, on peut se passer de maçonnerie, mais s'il est peu sûr, il faut se décider à faire les dépenses nécessaires ; dans tous les cas, l'abreuvoir doit être en pente douce, autrement, les animaux, alourdis par la nourriture, seraient en danger de se blesser. L'entrée doit être assez large, car les animaux arrivent tous à la fois, et faute de place il pourrait surgir des batailles.

Surveillance. — Dans les grandes pâtures on entretient un surveillant chargé des bestiaux ; dans les herbages de moindre étendue, on doit visiter les vaches au moins une fois le jour, examiner si tout est en ordre et familiariser les bestiaux avec la présence de l'homme, afin de vérifier leurs progrès et prévenir le boucher en temps utile.

Vente. — On vend la vache d'herbe à deux époques principales : en mai, pour la bête de primeur, et au mois d'octobre, pour la vache de saison ; à présent, toute boucherie bien organisée a des écuries d'engraissement pour l'hiver, et des herbages pour l'été, afin de n'être jamais prise au dépourvu. En outre, presque tous les bouchers achètent à la fin de la saison tout ce que contient un herbage avec enlèvement facultatif jusqu'au premier janvier. Ce mode de vente décharge l'herbager de toute responsabilité et l'acquéreur enlève selon ses besoins. Cette année, les marchands qui livraient en Angleterre ont passé de ces transactions dès la Saint-Jean : dès lors ils étaient substitués au propriétaire et ils vendaient ou remplissaient les pâtures à volonté.

La vache d'herbe, surtout celle de primeur, a beaucoup plus de sang que la vache d'auge ; mais sa chair est bien plus délicate.

ENGRAISSEMENT DES BŒUFS.

Presque tout ce qui a été dit pour les vaches peut s'appliquer aux bœufs ; toutefois, comme ils ont une plus forte charpente, l'engraissement serait démesurément long si on ne les mettait en chair à l'avance. Cette condition est facile à remplir pour les bouvillons, encore fort rares, élevés dans la ferme ; mais pour les animaux que l'on achète en sortant du travail, il est souvent nécessaire de les tenir à l'étable tout l'hiver, pour les disposer à entrer à l'herbe. Nous allons énumérer ceux qui sont en usage dans nos contrées.

Bœuf cotentin. — Le bœuf cotentin est le plus rapproché de nous et en même temps le plus estimé. C'est vers la Toussaint que ces animaux abondent sur les marchés de la Normandie ; on en compte à la fois plusieurs milliers. C'est de là que les nourrisseurs les font venir. On peut en voir de beaux spécimens chez M. de la Houpplière, qui les engraisse dans les terrains conquis sur la mer. On ajoute encore à la fertilité naturelle de ces terrains jadis vierges à l'aide de riches composts formés avec du fumier mêlé aux détritus de toute espèce que la mer déverse sur ses rives. Ces composts, mis à l'abri sous des hangars, sont répandus à l'entrée de l'hiver, et chaque partie est amendée tous les trois ans. Nous admirons ces beaux herbages, mais nous nous décidons difficilement à faire les mêmes sacrifices pour les nôtres, qui en auraient bien autrement besoin.

Bœuf comtois. — Le bœuf comtois est spécialement destiné aux usines du Nord. Grâce à une nourriture copieuse, il prend un développement énorme ; sa chair est molle, mais la nourriture y est peut-être pour quelque chose.

Bœuf charolais. — Cette espèce est aussi bonne que belle, mais on ne nous l'envoie guère qu'engraissée, ainsi que le bœuf chollctais, qui est beaucoup plus petit, mais de très-bonne qualité ; ces espèces ne fréquentent le marché d'Amiens que dans de rares circonstances.

ENGRAISSEMENT DES TAUREAUX.

Le service des vaches exige un nombre d'autant plus considérable de taureaux qu'on ne peut guère les laisser vieillir, parce qu'ils deviennent souvent furieux. Cette industrie, qui est dévolue spécialement aux grandes fermes, est très-lucrative ; mais elle a de très-mauvais côtés. L'animal s'engraisse difficilement,

et la viande est peu estimée. Lorsqu'il est encore
jeune, on peut le faire châtrer et le laisser courir pendant six mois, pour l'engraisser ensuite. Par ce
moyen, sa viande gagne beaucoup en qualité ; si on
est très-pressé, il ne vaut pas la peine de le faire opérer, car la viande ne gagne guère en quelques mois.

VENTE.

Pour bien vendre, il faut être parfaitement rensei-
gné sur la valeur de la marchandise, et le faire voir à
l'acquéreur en lui demandant un prix aussi exact que
possible. Quant au boucher, il est toujours parfaitement au courant des prix , et s'il commettait des er-
reurs, la tuerie serait là au besoin pour le redresser.
Mais de ce qu'il connaît parfaitement la valeur, il ne
s'ensuit pas qu'il estime consciencieusement l'animal.
C'est pour cela que les engraisseurs attachent la plus
grande importance aux diverses manières de se renseigner. Il en existe trois principales : 1° le maniement ; 2° le cordon de M. Dombasle ; 3° le rapport
des poids vifs aux produits en viande nette. C'est ce
que nous examinerons dans les chapitres suivants.

MANIEMENT.

Les maniements sont indispensables pour l'appré-
ciation des bêtes, le cordon et le poids vif ne valent
que par le maniement ; la nature a disposé à l'extérieur
de la bête certaines parties qui s'accusent dès la mise
à l'engrais et qui prennent par la suite un développement considérable. Manier, c'est constater par le tact
la quantité de graisse accumulée dans certains en-

droits ; l'animal n'engraisse pas régulièrement partout à la fois, ce n'est guère que vers la fin qu'il se pare dans toutes ses parties et encore il en est parfois qui laissent toujours à désirer.

Les maniements guident au moment de l'acquisition, car dès ce moment une main habile prédira ce qu'ils deviendront par l'engraissement, suivra leurs progrès et guidera pour la vente en donnant le poids et la qualité présumables.

Les bouchers acquièrent par l'exercice une habileté de main incroyable. En effet, sans la pratique on perd promptement la sûreté du tact ; aussi l'engraisseur doit s'habituer à manier, ne fût-ce que pour connaître l'hygiène à suivre. La bête est-elle molle ou limphatique, il faut donner des aliments toniques ; manque-t-elle d'appétit, il faut varier la nourriture, et si un coup de sang est en perspective, le conjurer par la diète et les aliments rafraîchissants.

Les bouchers craignent beaucoup d'initier les engraisseurs et rarement on peut savoir le poids de la bête vendue. Je doute que ce soit un bon calcul : les affaires sont bien plus faciles avec les connaisseurs, car pour un maladroit qui leur vend en dessous du cours, il y en a dix qui les surfont sans raison. C'était de cette façon que j'avais compris la boucherie par actions ; je voulais, tout en abaissant le prix de la viande pour le consommateur, initier le producteur à la connaissance de la bête de boucherie en lui fournissant le détail exact de la marchandise livrée.

Il y a un grand nombre d'endroits où on peut manier une vache, nous ne donnerons que les principaux.

On distingue deux sortes de maniements, les simples qui ne se prennent que d'un côté, et les doubles qui se répètent des deux côtés ; il est prudent de manier ces seconds des deux côtés, car ils peuvent être meilleurs d'un côté que de l'autre, et par exemple du côté où la vache se couche habituellement.

Nous conserverons l'ordre et les appellations habituelles du commerce.

1° *Le garrot.* — En arrivant sur une vache vous constatez d'abord son âge, puis plaçant la main sur le garrot, vous en vérifiez l'ampleur, car la largeur du dos et de la poitrine contribue à l'élévation du poids. On dit d'une vache qu'elle est bien ou mal dossée ; c'est par là que brillent les durham et les cotentines, tandis que cette partie fait presque toujours défaut chez les picardes.

2° *Les illiers.* — Pendant ce temps la main droite palpe les illiers ; on nomme ainsi un cordon renfermé dans la membrane qui lie le ventre à la cuisse. Ce cordon, qui forme un bourrelet, devient très-apparent ; il doit joindre à la grosseur une certaine fermeté, car la mollesse de cette partie dénoterait une mollesse générale qui influerait sur le poids et sur la qualité.

3° *Le cimier.* — La peau qui recouvre les os du bassin contient une glande peu apparente d'abord, mais qui prend dans le fin gras un tel volume que la queue peut être tout-à-fait enclose. Pour bien apprécier ce maniement, il faut ramener les extrémités entre les doigts ; à la consistance , les illiers doivent joindre le volume pour indiquer la fermeté de la chair.

4° *La bresse.* — On appelle ainsi un vaisseau placé entre les deux cuisses immédiatement au-dessus des mamelles ; ce maniement, qui ne s'accuse que très-tard, fait saillie au dehors et devient aussi gros que le bras ; il indique une vache finement engraissée.

5° *Les travers.* — On appelle ainsi les fausses côtes

qui partent de l'échine et se terminent au flanc ; ce maniement se prend en dessus et en dessous. Le dessus indique si la chape du dos sera belle, c'est-à-dire si elle sera revêtue d'une couche de graisse suffisante. Le dessous fait pressentir l'état intérieur de la bête, la graisse attachée aux rognons et jusqu'au mérite du filet. Le proverbe dit : la bête qui a de bons travers ne laisse pas son maître par derrière.

6° *Les côtes.* — Du travers la main passe aux côtes, elle en constate la largeur et la graisse dont elles sont revêtues ; les bêtes de concours se bossuent sur les côtes de proéminences disgracieuses, nous n'en exigeons pas autant des bêtes de boucherie ordinaire.

7° *Les palerons.* — Des côtes la main passe aux palerons qui sont deux veines placées parallèlement en arrière de l'épaule et qui serpentent du haut en bas. Il y a le paleron proprement dit et l'arrière-paleron. Ces maniements, qui sont difficiles à bien saisir, ont néanmoins une grande importance. Les bouchers disent : vache qui a de bons palerons rapporte profit à la maison.

8° *Veine de l'épaule.* — Cette veine, qui se cache dans le pli de l'épaule, est facile à saisir en inclinant la tête du côté que l'on veut palper. C'est vers le milieu qu'il faut porter son attention ; ce maniement peut devenir très-volumineux.

9° *La poitrine.* — De l'épaule la main passe à la poitrine. Elle en constate l'ampleur qui est pour beaucoup dans le poids et la graisse qui est un indice du suif. Tandis que dans les races communes la poitrine est à peine saillante, dans les durham, elle a une pelote de graisse qui pend jusqu'à terre. Il en est qui par la poitrine prétendent apprécier la quantité du suif. Je crois que le suif résulte surtout de l'âge, de la durée de l'engraissement, du genre de nourriture, de la race ; mais, au fond, tout cela est fort conjectural et reste dans l'incertitude.

En prolongeant la main entre les jambes de devant, on rencontre quelquefois un cordon qui supplée à la poitrine absente.

10° Les *avant-lait*. — Des mamelles au nombril il règne deux cordons fort consultés. Dans les vaches laitières, ce maniement s'accuse assez fortement surtout dans les vaches flamandes et picardes.

En maniant la bête, on apprécie la qualité de la peau et on fait l'évaluation du poids ; celui-ci, multiplié par le cours du moment, donne la valeur ; pour faciliter la vente on fait faire le même calcul au boucher pour voir en quoi existe le dissentiment, le poids, la qualité, le cours ; et si on reconnaît une trop forte erreur de sa part, on conduit sa bête au marché. Les déplacements sont toujours nuisibles ; mais les marchés, grâce à la prodigieuse consommation qui se fait maintenant, ont beaucoup gagné. Les anciens s'améliorent, de nouveaux se créent et on peut très-bien réussir de cette façon. On y vend au comptant ; on livre de suite, tandis que chez soi malgré les conventions les plus formelles les bouchers dépassent presque toujours les délais fixés ; au reste, quand la bête est arrivée à son point, il est bon de la vendre, car elle ne profite que moyennant une alimentation plus coûteuse dont on n'est pas sûr d'être remboursé.

CORDON DE M. DE DOMBASLE.

M. de Dombasle a importé de Flandre un système de mesurage qui a pris son nom ; il consiste à prendre avec un mètre ou un cordon numéroté pour cet usage la mesure de l'animal à partir du garrot, en passant en

avant de l'un des avant-bras et en arrière de l'autre ;
on vérifie ensuite l'opération en la répétant en sens
inverse.

Pour cette opération, il faut avoir soin de placer l'a-
nimal bien d'aplomb et se faire aider par une personne intelligente.

Le tableau suivant, emprunté à M. de Dombasle, donne le rapport entre le chiffre trouvé et la viande nette,
c'est-à-dire sans le suif et les rognons.

Mèt.	Cent.	Kilos.	Mèt.	Cent.	Kilos.	Mèt.	Cent.	Kilos.	Mèt.	Cent.	Kilos.
1	81	175	2	05	253	2	27	345	2	50	460
1	82	478	2	06	257	2	28	350	2	51	465
1	83	181	2	07	260	2	29	355	2	52	470
1	85	184	2	08	264	2	30	360	2	53	475
1	86	187	2	09	267	2	31	365	2	54	481
1	87	190	2	10	271	2	32	370	2	55	487
1	88	193	2	11	275	2	33	375	2	56	493
1	89	196	2	12	279	2	34	380	2	57	500
1	90	200	2	13	283	2	35	385	2	58	506
1	91	203	2	14	287	2	36	390	2	59	512
1	92	206	2	15	291	2	37	395	2	60	518
1	93	209	2	16	295	2	38	400	2	61	525
1	94	213	2	17	300	2	39	405	2	62	531
1	95	218	2	18	304	2	40	410	2	63	537
1	96	221	2	19	308	2	41	415	2	64	543
1	97	225	2	20	312	2	42	420	2	65	550
1	98	228	2	21	316	2	43	425	2	66	556
1	99	232	2	22	320	2	44	430	2	67	562
2	»	235	2	23	325	2	45	435	2	68	568
2	01	246	2	24	330	2	46	440	2	69	575
2	03	249	2	25	335	2	47	445	2	70	581
2	04	250	2	26	340	2	48	450	2	71	587
						2	49	455	2	72	593
									2	73	600

Les expériences suivantes faites en 1834 par un pra-
ticien distingué (M. Antoine Claré), confirment l'utilité
du cordou.

N°	Espèce.	Au cordon.	En réalité.
1	Picarde	176	174 kil.
2	—	172	173 1/2
3	Normande	216	218
4	—	335	346
5	—	215	224
6	—	198	224
7	—	206	200
8	—	245	200

Les observations ci-dessus sont plus près du mètre que le tableau de M. de Dombasle. Pour concilier ces deux opinions, on est forcé d'admettre que M. de Dombasle a opéré sur des bêtes extra-fines.

J'ai fait de nombreuses expériences sur le cordon, il m'a été démontré :

1° Qu'il accusait moins que le poids dans la bête maigre ;

2° Plus que le poids dans la bête extra-fine ;

3° Que les bêtes très-longues ou très-courtes devaient être mesurées depuis la naissance de la queue jusqu'à l'occiput, et de faire une moyenne de la mesure ainsi trouvée avec celle prise au garrot. Ainsi un bœuf donnait en longueur 300 et au garrot 350, moyenne 325, et il a donné de viande nette 328.

La conclusion est que le cordon peut donner des renseignements utiles à ceux qui savent s'en servir.

Rapport du poids vif au produit en viande nette.

En ce moment, il est presque toujours question du poids vif, soit dans les mercuriales, soit dans les relations du nourrisseur avec le marchand. Au fond, rien n'est plus commode, avec une bascule bien organisée, et placée sur un passage ou corridor ; vous pesez en quelques minutes, une vache, un porc, un mouton. Si vous vendez au poids vif, votre calcul est bientôt fait;

si vous vendez à un prix fait, vous avez une base très-voisine de la vérité. La connaissance des maniements est indispensable pour savoir dans quelle catégorie votre bête doit être placée.

Pendant l'engraissement, on éprouve souvent le désir de constater les progrès plus ou moins rapides de l'animal ; il ne faut pas cependant en abuser, car on la tourmente et on retarde les progrès de l'engraissement.

On a essayé par ce moyen de constater la valeur des aliments au moyen de la bascule ; mais ce tableau, malgré tous les soins qu'on a pu prendre, mérite peu de créance, car une vache mise à la diète continue d'augmenter, et remise à la ration elle stationnera pendant les premiers jours. Pour bien apprécier les effets de la nourriture, il faudrait prendre des bêtes parfaitement égales et leur donner à chacune une chose différente, mais il serait dangereux de pousser trop loin semblable expérience.

Dans les tableaux que nous allons présenter, les animaux ont été pesés à jeun et souvent après avoir voyagé ; pour arriver à la vérité, il faut procéder de la même manière.

Bœufs cotentins, qualité hors ligne.

	Nos.	Poids vif.	Viande.	Suif.	Peaux.
	1	685 kil.	371 kil.	47 kil.	44 kil.
	2	750	455	52	48
	3	660	387	35	47
Ces animaux ont été engraissés chez M. de la Houpplière, au Châteauneuf.	4	715	410	54	48
	5	720	420	40	50
	6	665	400	40	50
	7	695	450	25	50
	8	800	510	54	40
	9	645	360	41	36
	10	715	434	30	50
TOTAL.		6,950	4,296	418	463

Cette série donne 61 0/0 de son poids vif, 10 kilos et demi de suif pour 100 kilos de viande nette et la même chose pour les peaux.

Bœufs cholletais, 1re qualité.

	Nos	Poids vif.	Viande.	Suif.	Peaux.
Fournis par MM. Denis et Doublet et engraissés en Anjou.	1	640 kil.	365 kil.	30 kil.	36 kil.
	2	550	280	20	31
	3	650	328	27	40
	4	640	296	19	39
	5	525	278	31	35
TOTAL.		2,905	1,547	227	181

Cette série donne 54 pour 100 de son poids vif ; 11 kilos de suif pour 100 de viande nette et 11 kilos et demi de peaux, *idem.*

Bœufs charolais, première qualité.

	Nos	Poids vif.	Viande.	Suif.	Peaux.
	1	750 kil.	406 kil.	24 kil.	59 kil.
	2	640	342	28	48
Bœufs fournis par MM. Guillain et Blanchard, et engraissés dans le Nord.	3	725	404	38	50
	4	665	390	30	60
	5	640	360	25	50
	6	680	375	33	38
	7	710	369	33	38
	8	720	370	27	60
	9	740	407	28	67
	10	640	354	31	41
Total.		6,915	3,785	297	511

Cette série donne 59 et demi pour 100, 9 kilos. pour 100 de suif et 16 kilos de peaux.

4

Bœufs de pays, 2ᵉ qualité.

	Nᵒˢ	Poids. vif.	Viande.	Suif.	Peaux.
	1	740 kil.	436 kil.	26 kil.	62 kil.
	2	750	393	36	50
	3	575	291	22	38
Fournis par	4	720	415	38	35
des engraisseurs	5	725	425	38	52
du département.	6	760	420	50	56
	7	440	244	16	39
	8	575	319	15	43
	9	730	435	25	57
	10	765	426	27	62
Total. . .		7,080	3,804	293	504

Cette série donne 54 pour 100 du poids vif ; en suif 7 et demi pour 100 du poids net, et en peau 14 pour 100 du poids net.

Bœufs du pays, 3ᵉ qualité.

	Nᵒˢ	Poids vif.	Viande.	Suif.	Peaux.
	1	560 kil.	282 kil.	10 kil.	60 kil
	2	525	273	22	35
	3	460	230	16	36
Fournis par	4	540	304	11	50
les engraisseurs	5	620	353	20	47
du département.	6	625	348	15	57
	7	760	378	18	47
	8	445	241	12	47
	9	460	222	6	40
	10	630	329	10	47
Total. . .		5,625	2,980	142	566

Cette série donne 50 pour 100 de viande nette. En suif 5 pour 100 et en peaux 19 et demi pour 100.

Vaches de 1ᵉʳ qualité.

	Nᵒˢ	Poids vif.	Viande.	Suif.	Peaux.
	1	450 kil.	229 kil.	39 kil.	28 kil.
	2	560	303	27	32
	3	560	305	43	40
Fournies par	4	560	311	44	30
les engraisseurs	5	530	304	33	37
du département.	6	570	337	20	36
	7	600	318	46	33
	8	555	289	42	35
	9	480	250	30	32
	10	630	365	37	42
Total. . .		5,495	3,016,	358	342

Cette série donne 55 pour 100 de son poids vif ; 10
pour 100 de suif et 10 pour 100 de peaux.

Vaches de 2ᵉ qualité.

Nᵒˢ.	Poids vif.	Viande.	Suif.	Peaux.
1	480 kil.	252 kil.	22 kil.	33
2	500	229	20	27
3	495	220	12	35
4	410	213	16	27
5	400	250	29	30
6	395	208	22	24
7	495	250	29	28
8	480	243	19	31
9	455	239	21	28
10	495	251	23	34
TOTAL. . .	4,695	2,355	213	297

Cette série donne 50 pour 100 de son poids vif, 9
pour 100 de suif et 13 pour 100 de peaux.

Vaches de 3e qualité.

N°.	Poids vif.	Viande.	Suif.	Peaux.
1	400 kil.	176 kil.	25 kil.	27 kil.
2	365	178	11	25
3	430	207	23	23
4	395	179	10	22
5	430	211	16	29
6	350	154	12	22
7	435	182	11	27
8	450	209	22	30
9	440	197	19	28
10	445	205	8	33
Total. . .	4,140	1,798	157	266

Cette dernière série en bêtes médiocres ne donne que 46 pour 100 de poids vif, 10 pour 100 en suif et 19 pour 100 en peaux.

Après avoir démontré la manière d'engraisser les vaches et appris à connaître leur embonpoint à l'aide des maniements, nous allons traiter des races ovine et porcine, moins considérables sans doute ; mais jouant cependant un rôle important dans l'économie agricole.

RACE OVINE.

Autrefois la race ovine de France était très-défectueuse, revêtue d'une laine grossière, haute sur jambe et mince de corps, elle présentait peu d'aptitude à l'engraissement. Frappé de ces défauts, le roi Louis XVI entreprit de la régénérer.

En 1786, il fit venir d'Espagne un troupeau choisi de mérinos et lui octroya une royale hospitalité dans les bergeries de Rambouillet. Malgré leur mérite reconnu, à peine trouvait-on à donner ces nouveaux venus, lorsqu'ayant eu l'idée de les mettre aux enchères, l'engouement dépassa toutes les bornes. Non-seulement on se disputait à prix d'or les jeunes béliers, mais même les brebis de réformes. Le goût du mouton se réveilla partout, et ces jeunes béliers introduits dans toutes les provinces régénérèrent le sang abâtardi de nos vieilles races.

Pendant que nous réalisions à grand'peine ce faible progrès, les Anglais, bien en avance sur nous, abandonnaient à leurs colonies la production des laines fines et s'attachaient à amener toutes leurs races à un facile et précoce engraissement.

Les cultivateurs français à la tête du progrès, se sont formé des troupeaux qui rivalisent avec ceux de nos voisins ; mais ces animaux perfectionnés craignent la fatigue et exigent une nourriture abondante. Du reste ces animaux sont très-peu répandus dans le commerce, leurs propriétaires vendant leur excédant directement aux bouchers.

Nous ne nous occuperons ici que du troupeau commun qui a lui-même subi une grande amélioration et qui, dans certaines conditions, peut être livré avantageusement à l'engraissement

Constructions des bergeries. — La bonne disposition des étables nécessaires en tout temps, l'est surtout lorsque l'engraissement condamne les animaux à la stabulation permanente. Une bergerie doit offrir un espace suffisant, elle doit être convenablement ventilée et éclairée, aussi bien pour la facilité du service que pour la salubrité des animaux. Elle doit être garnie de râteliers droits à barreaux espacés de 15 centimètres.

Au-dessous des râteliers il est nécessaire d'avoir des auges en briques revêtues de chaux de Saint-Quentin qui reçoivent les provendes et les grains tombant des râteliers ; ces auges sont très-faciles à nettoyer. Le fond de l'étable doit être imperméable, la litière abondante, et le fumier enlevé tous les 15 jours. On se trouve très-bien de répandre sur l'aire de la bergerie une couche de 2 à 3 centimètres de chaux en poudre ; cette pratique préserve les moutons du piétain et fournit un excellent engrais.

ENGRAISSEMENT DES AGNEAUX.

La consommation des agneaux, restreinte en France aux fêtes de Pâques, est au contraire très-répandue en Angleterre. Nos voisins recherchent avidement cette viande molle et demi-formée, qu'ils assaisonnent avec un grand nombre de condiments ; et comme ils craignent de sacrifier leurs jeunes élèves, ils font main-basse sur les veaux et les agneaux du continent : aussi ceux qui se livrent à l'engraissement des agneaux ne doivent-ils pas craindre de manquer de débouchés, car l'exportation va grandissant chaque année.

Il est rare que l'on ait dans sa ferme des sujets convenables : aussi, achète-t-on presque toujours des couples venues de bonne heure. On peut engraisser les agneaux seuls ; mais on préfère généralement engraisser les mères en même temps.

Il est utile d'avoir deux étables juxtaposées, où l'on puisse à volonté réunir ou séparer les mères et les agneaux. On nourrit abondamment ces mères avec du fourrage, de la pulpe, des légumes et du tourteau. De leur côté, les agneaux reçoivent du blé ou de l'avoine en gerbes, des grains concassés, du tourteau, etc. On donne à manger trois fois par jour, ayant soin de mettre à chaque fois les mères avec les agneaux, de façon que, tandis que ceux-ci tettent, les mères mangent les restes. Alors, on sort tout dans la cour, on nettoye parfaitement les auges, et on donne la nouvelle provende.

Si les animaux ont été mis en bon état à l'auge, un mois peut leur suffire ; dans le cas contraire, il faudrait encore une quinzaine pour procéder au blanchiment.

Cette opération à laquelle les engraisseurs attachent une très-grande importance, se fait au moyen de pain blanc trempé dans du lait nouvellement trait. Cette méthode est fort coûteuse, mais elle produit des effets surprenants, et elle communique à la chair une blancheur et une délicatesse très-appréciées.

A partir de ce moment, on met beaucoup moins les mères avec les agneaux, afin d'arriver à les sevrer progressivement et de les livrer à la boucherie 15 jours après la vente des agneaux. Pendant tout le temps de l'engraissement, une cuvette remplie d'eau édulcorée de son doit être entretenue dans l'étable.

Cette spéculation est une des plus productives, car il n'est pas rare de voir des couples, achetées 35 fr., revendues 70 fr. et plus deux mois après.

On engraisse les agneaux *bégus*, c'est-à-dire dont les mâchoires sont en désaccord ; ces agneaux, qui n'ont aucune valeur pour la conservation, peuvent s'engraisser dès leur jeune âge aussi bien que les autres.

ENGRAISSEMENT DES MOUTONS.

L'engraissement des moutons se fait à l'étable pendant l'hiver, et au pâturage pendant l'été. Il en est qui engraissent aussi à l'auge l'été ; mais c'est une déplorable spéculation.

Engraissement à l'étable. — Lorsque la saison a été favorable, les moutons reviennent en bon état du pâturage et sont très-faciles à engraisser. Si on doit faire plusieurs levées on choisit de préférence les plus avancés pour la première ; car la seconde, même inférieure, se vend toujours mieux. Toutes les nourritures dont on dispose peuvent être fructueusement consacrées à l'engraissement. On commence par les choses les plus communes, telles que le fourrage, les warrats d'hivernage, de lentilles, de bisailles, en variant à chaque repas. A mesure que leur appétit diminue, on remplace les choses dont ils se lassent par la pulpe, les légumes mélangés au tourteau commun. A la troisième période on donne le tourteau de lin ou de cameline.

Tous ces objets doivent être distribués en quantité suffisante, mais de manière à éviter la satiété. Aussi ne préciserons-nous pas davantage la quantité de nourriture à donner ; car elle résulte d'une part de la manière dont ces nourritures ont été récoltées, et d'autre part de la force des moutons.

Ai-je besoin de dire qu'une propreté minutieuse doit régner dans toutes les parties du service ? car les moutons sont excessivement susceptibles. L'eau doit être renouvelée à chaque repas, et la cuvette rincée une fois par jour.

Lorsqu'on dispose de deux étables, il faut préparer la bergerie vide avant d'y introduire les moutons. Si on est forcé de les mettre dans la cour, il faut avoir toutes les nourritures sous la main afin que le service se fasse rapidement.

En résumé, stabulation convenable, nourriture choisie et distribuée avec intelligence, propreté étendue à tout, telles sont les conditions essentielles de l'engraissement à l'étable. Le produit est peu considérable ; mais le fumier des moutons gras est tout ce qu'il y a de meilleur au monde.

Deuxième levée. — Les premiers moutons vendus au commencement de janvier, on peut de suite s'occuper de la seconde levée, soit encore avec des moutons, soit avec des brebis vides que les ménagers vendent à cette époque pour les remplacer par des brebis pleines ou des couples de primeur. Ces brebis s'engraissent plus vite que les moutons, et sont souvent plus recherchées par les bouchers.

Cette levée, qui doit être terminée en avril, donne presque toujours aux propriétaires le bénéfice de la laine ; mais il est bon de ne tondre qu'au moment de la vente pour éviter de tarer sa marchandise.

ENGRAISSEMENT AU PATURAGE.

L'engraissement au pâturage, pratiqué depuis longtemps dans l'Artois, semblait impossible en Picardie ; les terres, disait-on, n'étaient pas assez fortes pour qu'en abondonnant la jachère il surgît un pâturage abondant, et pourtant il a suffi de semer dans les mars du ray-grass, du trèfle blanc et de la minette, pour pouvoir nourrir parfaitement un troupeau. Aussi ce qui était autrefois le privilége exclusif des grandes cultures a pu être réalisé par des cultures moyennes. 10 hectares semés sur la jachère ou répartis sur les trois sols peuvent nourrir 100 moutons au printemps et jusqu'à l'ouverture de la récolte.

Le pâturage des trèfles blancs exige un berger très-attentif ; car un moment de distraction peut faire perdre en entier le bénéfice de la campagne.

Dès que le renouveau s'annonce on peut mettre les moutons à l'herbe, tout en continuant de les nourrir à l'étable, et on augmente la durée du pâturage au fur et à mesure de l'abondance.

Il faut garder d'abord les animaux sur le terrain

primitivement rasé et ne leur abandonner la partie intacte que lorsqu'ils sont à peu près rassasiés et mangent moins avidement. Les trèfles blancs sont très-dangereux dans les temps humides : aussi est-il bon de conserver une vieille pâture pour ces moments-là.

Le meilleur remède contre l'enflure est une cuillerée à café d'alcali volatil dans un demi-verre d'eau : aussi est-il bon de donner au berger de petites fioles de ce mélange afin qu'il puisse l'administrer au besoin.

Si les animaux ont été bien choisis et mis à l'herbe en bon état, il n'est pas rare de pouvoir vendre des bêtes grasses les premiers jours de mai ; dès lors on vend et on remplace à mesure.

Aussitôt que la saison le permet, on peut parquer le jour et même la nuit, soit sur le pâturage lui-même, soit sur une terre à proximité. Toutefois on ne pourrait parquer pendant la grande chaleur qu'en abritant les animaux avec une toile.

La nourriture au pâturage, dont nous éprouvons nous-mêmes les bons effets, est pratiquée avec le plus grand succès dans nos environs, et nous avons sous les yeux un cultivateur qui, avec 250 brebis sans cesse renouvelées, réalise plus de 5,000 francs par an.

Maniement. — Les maniements du mouton sont moins nombreux et plus difficiles à apprécier que ceux de l'espèce bovine. S'emparant du mouton, le boucher constate d'abord l'âge, qui joue un rôle important dans le rendement, puis il pince la fourche, qui est très-apparente dans les bonnes espèces ; ensuite il manie à pleine échine, pour juger de l'ampleur du dos et de la manière dont les côtes sont garnies ; le dessus terminé, il retourne le mouton en le soupesant, puis il manie la poitrine, palpe les avant-lait qui indiquent l'état intérieur. Cela fait, il sait parfaitement à quoi

s'en tenir sur la valeur de l'animal, et il peut, s'il le
juge à propos, l'évaluer consciencieusement.

Lorsqu'on engraisse à l'herbe, il y a peu d'inconvénient à fractionner les livraisons au gré des bouchers ; mais à l'auge il est plus commode de livrer
tout ensemble.

Le mouton commun bien en chair, donne 45/0 de
son poids vif.

Préparé par la bonne boucherie, 50/0 ; idem, très-
finement engraissé 55/0.

RACE PORCINE.

Dans mon enfance, la race porcine laissait beaucoup à
désirer. Grande, élancée, les oreilles courtes et droites,
l'échine étroite, le dos arqué, elle ne s'engraissait
qu'après avoir acquis toute sa croissance, c'est-à-dire
à l'âge d'un an ; aussi n'était-elle possible que dans
les fermes. Là on l'élevait en liberté, au grand détri-
ment des fumiers que ces sales animaux remuaient de
fond en comble et dévoraient à qui mieux mieux.

Il existait cependant quelques bonnes races, mais
circonscrites à un rayon déterminé. Elles étaient
énormes et d'un très-grand entretien.

L'introduction de la race anglaise, qui a pris comme une traînée de poudre, a fait une véritable révolution dans l'industrie porcine. Les premiers sujets
introduits formaient une boule de graisse peu appé-
tissante ; ils étaient peu prolifiques. Mais grâce à des
croisements judicieux, on est arrivé très-vite à joindre
à la précocité de la race anglaise la fermeté de la
chair de l'espèce du pays et à obtenir une fécondité
suffisante. Le degré auquel on est arrivé paraît satis-
faisant, et nous croyons qu'on peut parfaitement s'en

contenter, sans qu'il soit besoin de recourir à l'infusion du sang primitif.

Le porc anglais s'engraisse à tout âge, et on peut, s'il est soigneusement nourri, le tuer à six mois, pesant 40 à 50 kilogrammes, ou en le laissant en liberté dans la cour, le tuer à un an, pesant 75 à 80 kilogrammes.

Cette heureuse disposition à prendre la graisse à tout âge, a décuplé l'élève et la consommation du porc, puisqu'il convient tout à la fois à la ferme, à la petite culture et même au simple ouvrier : car aucune viande n'assaisonne aussi bien les légumes, qui feront encore longtemps le fond de la nourriture des campagne.

Les porcs forment pour les cultivateurs une branche très-lucrative, et l'on frémit quand on songe qu'une maladie comme celle qui sévit en Allemagne pourrait tarir dans sa source une aussi profitable dustrie.

L'élève du porc se divise naturellement en plusieurs branches. La grande exploitation qui entretient beaucoup de vaches fait naître le porcelet et le vend à deux mois.

Le ménager qui a une vache l'achète à cet âge et le garde deux ou trois mois. C'est à ce moment qu'on l'achète pour l'engraisser et qu'on fait deux ou trois levées, suivant que l'on travaille pour les charcutiers de la ville ou de la campagne.

La truie donne habituellement deux portées par an, qui, à raison de 10 porcelets chacune, produit annuellement de 4 à 500 francs.

Le ménager fait quatre levées par an, soit à 40 fr. environ : 160 francs.

Celui qui engraisse prend environ de 50 à 60 francs par cochon et il en entretient selon ses moyens.

La plupart des cultivateurs intelligents ne font aucune différence entre l'entretien et l'engraissement des porcs ; ils tiennent toujours leurs animaux en bon état. Toutefois la nourriture devient plus copieuse et plus choisie à mesure que l'animal profite. Le lait nou-vellement tiré est l'alimentation par excellence, il communique à la chair une qualité et une succulence toute particulière. Lorsque le beurre est à bas prix, il serait très-avantageux de donner le lait directement aux porcs, mais les ménagères s'y décident difficile-ment, quoique la plupart d'entre elles en donnent quelques jours avant de les tuer pour augmenter la qualité de leurs animaux. A défaut de lait pur le lait écrémé est très en usage, il améliore les aliments ; on n'aura jamais grand succès sans son concours.

Lorsque la cour de la ferme est close ou, mieux en-core, lorsque la porcherie a une cour spéciale, on peut élever les porcs en liberté et leur donner une foule de choses dont ils font leur profit. Ainsi les fourrages verts, les collets de carottes et de betteraves, les épluchures de légumes, les otons, les fruits gâtés, etc. De cette manière les auges sont réservées pour les boissons. Ces boissons se composent de petit son, de mouture, de pulpe, de tourteaux, de légumes cuits, de lentilles, bisailles, pamelle, orge, criblures, le tout cuit ou gonflé dans l'eau. On vante aussi beaucoup le maïs et le sarrasin qui rendent de grands services dans le midi.

Tous les aliments gagnent à être passés par le feu, et si on peut éviter ce surcroît de besogne pendant l'été, la boisson chaude est absolument nécessaire pendant l'hiver. Les betteraves et les carottes gagnent par la cuisson, moins pourtant que les pommes de terre. Celles-ci cuites à la vapeur et écrasées immé-diatement se mêlent favorablement à tous les ali-ments.

On peut engraisser plusieurs porcs à la fois, pourvu

que l'étable soit convenablement disposée ; mais il est difficile de les livrer tous en même temps. Il vaut mieux accorder quelques jours de plus à ceux qui sont inférieurs.

Nous ne pouvons terminer ce chapitre sans recommander la plus grande propreté en tout ce qui concerne la tenue des porcs. Les auges doivent être fréquemment lavées à l'eau chaude, la litière abondante, souvent renouvelée, et observer enfin tous les soins minutieux que pratiquent les bonnes ménagères.

Vente. — On vend des porcs gras toute l'année ; la demande est plus considérable au mois de janvier, car c'est l'époque où chacun renouvelle généralement sa provision de l'année. Il est vrai que ce n'est pas le moment où ils se vendent le plus cher ; mais aussi la nourriture a peu coûté, car au sortir de la récolte on a tout en abondance, tandis que l'été, où ils se vendent mieux, ils ont coûté davantage, car on n'a guère que le lait et les farineux pour les engraisser.

Le commerce des porcs exige peu de capitaux et rapporte beaucoup ; le fumier, il est vrai, est assez pauvre ; mais on l'utilise, soit en le mêlant à d'autres, soit en le réservant pour faire ses composts.

Le porc gras donne 50 à 55 pour 100 du poids vif : il faut qu'il soit très-finement engraissé pour qu'il donne 60 à 65 pour 100.

AMIENS — IMPRIMERIE T. JEUNET.

AMIENS. — IMP. DE T. JEUNET.

www.ingramcontent.com/pod-product-compliance
Lightning Source LLC
Chambersburg PA
CBHW030928220326
41521CB00039B/1428